Bibliografische Information der Deutschen Nationalbibliothek:

Die Deutsche Bibliothek verzeichnet diese Publikation in der Deutschen National-
bibliografie; detaillierte bibliografische Daten sind im Internet über http://dnb.d-
nb.de/ abrufbar.

Impressum:

Copyright © 2009 GRIN Verlag, Open Publishing GmbH
Druck und Bindung: Books on Demand GmbH, Norderstedt Germany
ISBN: 9783640485567

Dieses Buch bei GRIN:

http://www.grin.com/de/e-book/140493/der-elektromotor-im-hybridfahrzeug

Harald Petschnik

Der Elektromotor im Hybridfahrzeug

Vergleich von drei unterschiedlichen Elektromotorentypen

GRIN Verlag

CAMPUS 02 Fachhochschule der Wirtschaft

Studiengang Innovationsmanagement

Bachelorarbeit

Der Elektromotor im Hybridfahrzeug

Vergleich von drei unterschiedlichen Elektromotorentypen

Harald Petschnik

Graz, Mai 2009

Zusammenfassung

Die Hybridtechnologie wird von Experten in der Automobilbranche, als die Schlüsseltechnologie der nächsten Jahrzehnte gehandelt. Viele namhafte Automobilhersteller richten ihren Focus von Forschung und Entwicklung auf diese aufstrebende Technologie. Der Vorteil des Hybridfahrzeuges liegt in der Elektrifizierung des Antriebstrangs. Durch intelligente Kombination von Verbrennungs- und Elektromotor können die jeweiligen Vorteile der unterschiedlichen Antriebsarten genutzt werden.

Die vorliegende Arbeit beschäftigt sich mit der Betrachtung der Rolle des Elektromotors im Hybridfahrzeug. Die Anforderungen an den Elektromotor sowie drei unterschiedliche Elektromotorentypen, die in serienreifen Automobilen bzw. Neuentwicklungen zum Einsatz kommen, werden hinsichtlich Aufbau, Wirkungsweise und Wirtschaftlichkeit untersucht.

Um einen direkten Vergleich der drei unterschiedlichen Motorentypen hinsichtlich ihrer Performance zu erhalten, wurden diese in einem jeweils baugleichen Go-Kart getestet. Die Auswertung der Testergebnisse ergab, dass die Synchronmaschine mit Permanentmagneten, unter Berücksichtigung des Bewertungskriteriums elektrischer Wirkungsgrad, knapper Testsieger vor der geschalteten Reluktanzmaschine wurde.

Der Wirkungsgrad des Elektromotors leistet einen hohen Beitrag zum Gesamtwirkungsgrad des Fahrzeuges. Das Testergebnis bestätigte die Auswahl der Synchronmaschine, für den elektrisch effizientesten Elektroantrieb im Hybridfahrzeug.

Abstract

According to the experts, hybrid technology is the key technology in the automotive industry for the next few decades. Many of the well established automobile manufacturers are focusing their research and development activities on this upcoming technology. The big advantage of hybrid vehicles is the electrified powertrain. Due to intelligent combination of the combustion- and electric engine, the benefits of the two different powertrain configurations can be used.

The following research is concerned and closely examines the role of the electric engine in the hybrid vehicle. The scope of the research is focused on the demands of an electric engine, the technical configuration, functionality and economy of three different engine types which are often used in the serial production and prototyping.

In order to make a direct comparison of the performance of this different engine types, they were all tested in a go-cart. The go-carts for each engine were constructed in the same way.

The interpretation of the measurement results showed that the synchronous engine with permanent magnets had the best performance when considering the level of electrical efficiency, closely followed by the switched reluctance motor.

The efficiency of the electrical motor makes a high contribution to the total efficiency of the vehicle. The measurement result confirms the selection of a synchronous motor is, under consideration of the electrical efficiency, the most advantageous solution for hybrid vehicles.

Inhaltsverzeichnis

Abbildungsverzeichnis

Abkürzungsverzeichnis

SUV	Sport Utility Vehicles
E-Maschine	Elektrische Maschine, Elektromotor
ASM	Asynchronmaschine
SM	Synchronmaschine
PSM	Permanentmagnet Synchronmaschine
SRM	Geschaltete Reluktanzmaschine
IGBT	Isolated Gate Bipolar Transistor
UC	Ultra Caps

Tabellenverzeichnis

1 Vorwort

Der Elektromotor ist das Herzstück des Hybridfahrzeuges. Demnach werden aufgrund unterschiedlicher Eigenschaften verschiedene Typen von Elektromotoren in Hybridfahrzeugen eingesetzt. Die Hybridtechnologie befindet sich in der Forschung und Entwicklungsphase. Viele unterschiedliche Konzepte werden erprobt und weiterentwickelt. Deswegen verliert man leicht den Überblick welcher Elektromotor zum heutigen Entwicklungsstand als sehr geeignet gilt.

Diese Arbeit beschreibt und vergleicht die technischen Eigenschaften der drei am häufigsten eingesetzten Elektromotorentypen.

Die Leserzielgruppe dieser Arbeit umfasst technisch Interessierte, Ingenieure, Fachkräfte und all jene, die bereits Vorkenntnisse im Bereich Elektrotechnik haben und sich näher für Hybridantriebe interessieren.

Ziel dieser Arbeit ist die Sensibilisierung der Rolle des Elektromotors im hybriden Antriebskonzept. Des Weiteren die technische Untersuchung, der drei am häufigsten verwendeten Elektromotoren bzw. der Vergleich welcher dieser Elektromotoren, zum heutigen Stand der Technik, am geeignetsten für die Integration in einem Hybrid-Personenkraftwagen ist.

2 Einführung in die Hybridtechnologie

2.1 Hybridantriebe

Erfolgreich umgesetzte Innovationen im Automobilsektor, führten in den letzten Jahrzehnten zu einem sehr hohen Technologieniveau. Es ist vorhersehbar, dass die zukünftigen Anforderungen an unsere Automobile weiter zunehmen werden. Jene Automobilhersteller werden sich im vorherrschenden Konkurrenzkampf am Automobilmarkt durchsetzen, die die besten Lösungen in den Themen Verbrauch, Kosten, Emissionen und Fahrkomfort liefern. Um diese Herausforderung zu meistern, wird die Elektrifizierung des Antriebes ansteigen. [1]

Rein batterieelektrische Fahrzeuge können noch nicht die Anforderungen der Nutzer erfüllen. Die Reichweite ist noch zu gering für den herkömmlichen Gebrauch. Die Abgasemissionen sowie Wirkungsgrad der gesamten Energiekette, hängen von der Art der Stromerzeugung ab. Ein möglicher Ausweg liegt im hybriden Antriebskonzept. Hybridfahrzeuge nutzen mindestens zwei unterschiedliche Energiewandler und zwei unterschiedliche Energiespeicher. In den meisten Fällen wird ein Elektromotor und eine Batterie mit einem Verbrennungsmotor kombiniert Auf diese Weise lassen sich die Vorteile beider Antriebsarten miteinander vereinen. Der Elektromotor emittiert keine Schadstoffe und ist außerdem sehr laufruhig. Er ist in einem breiten Drehzahlbereich mit hohem Wirkungsgrad einsetzbar. Auch der Verbrennungsmotor kann mit hohem Wirkungsgrad betrieben werden, allerdings nur in einem kleinen Last- oder Drehzahlbereich. Einer der größten Vorteile liegt aber im Kraftstoff. Die Energiedichte ist um ein Vielfaches höher als die einer Batterie. [2]

---

[1] vgl.: Redaktion AVL-List GmbH (2009): Die Zukunft ist elektrifiziert. Ein Themen-Schwerpunkt im herausfordernden Jahr 2009. In: 4Weeks Zeitung für AVL MitarbeiterInnen (Graz) vom 01.03.2009. S. 2.

[2] vgl.: Gerl, Bernhard (2002): Innovative Automobilantriebe. Konzepte auf Basis von Brennstoffzellen, Traktionsbatterien und alternativen Kraftstoffen. 1.Auflage. Landsberg/Lech: Moderne Industrie. S. 73.

Die Hybridtechnologie ist mittlerweile schon durchaus in der Praxis erprobt und besitzt ein enorm hohes Entwicklungspotential. Vor allem der Automobilhersteller Toyota hat große Pionierarbeit mit dem erfolgreich vermarkteten Modell „Prius" geleistet. Die Autohersteller sind also gefordert, diese Technologie voranzutreiben.

2.2 Rolle der E-Maschine im Hybridantrieb

Der Elektromotor, welcher auch E-Maschine bezeichnet wird, bildet das Herzstück des hybriden Antriebsstrangs. Die Vorteile des Hybridfahrzeuges liegen in der Energieeffizienz und dem Fahrverhalten. Die Art der E-Maschine hinsichtlich Wirkungsweise, Wirkungsgrad und Integration in den Antriebsstrang ist hier entscheidend.

Am Beginn der Entwicklung von Hybridfahrzeugen wurden meistens Gleichstrom-Kommutatormotoren eingesetzt. Zwischenzeitlich verbesserte sich die Technologie von Stromrichtern, sodass heute ausschließlich Drehstrommotoren zum Einsatz kommen. Der Drehstrommotor arbeitet sowohl motorisch, das bedeutet das Fahrzeug wird angetrieben, als auch generatorisch, das Fahrzeug wird abgebremst. Die kinetische Bremsenergie wird in Form von elektrischer Energie in den Energie-speicher zurückgespeist. Das heißt der Drehstrommotor wirkt als Energiewandler. Im Motorbetrieb wird elektrische Energie in kinetische Energie umgewandelt. Im Generatorbetrieb wird kinetische Energie in elektrische Energie rückgewandelt, parallel dazu wird ein Bremsmoment erzeugt. [3]

Diese Energiewandlung wird regeneratives Bremsen beziehungsweise rekuperatives Bremsen genannt und zeichnet den Hybridantrieb im Punkto Energieeffizienz aus.

---

[3] vgl.: Bildstein, Michael (2008): Hybridantriebe, Brennstoffzellen und alternative Kraftstoffe.1.Ausgabe. Plochingen: Robert Bosch GmbH. S. 30.

3 Anforderungen an die E-Maschine

Die Nutzung der bestehenden Antriebsstränge in Hybridfahrzeugen bieten Chancen und Herausforderungen. Das gleiche Fahrzeug kann sowohl als Hybridfahrzeug oder mit herkömmlichem Antriebsstrang angeboten und somit flexibel vermarktet werden. Dieses Vorgehen reduziert den Entwicklungsaufwand, da viele Baugruppen unverändert verwendet werden.

Als Einbauort stellt sich bei diesen Konzepten der Bereich zwischen Verbrennungsmotor und Getriebe als der meistverwendete heraus. Dieser Bauraum ist durch die bisherigen Triebstrangkomponenten nahezu ausgefüllt. Nur durch eine optimale Integration der Triebstrangkomponenten mit der elektrischen Maschine, kann eine zufriedenstellende Lösung erreicht werden.

Daraus Ergeben sich vielfältige Anforderungen an die elektrische Maschine. Neben der minimalen axialen Länge bei großem Durchmesser, ist insbesonders bei kurbelwellenmontierten Maschinen ein relativ großer Luftspalt zwischen dem Rotor und dem Stator zwingend notwendig. Weitere Forderungen erhöhen den Anspruch an das elektrische Maschinenkonzept, z.B. höchste Leistungs- und Drehmomentendichte ohne erwünschte Betriebesgeräusche und die Ausführung als Innen- oder Außenläufer in Abhängigkeit der angrenzenden Komponenten. [4]

Um die fehlerfreie Funktionalität der E-Maschinen zu gewährleisten, werden diese gegen Umwelteinflüsse geschützt. Der Focus wird hier auf dem Schutz gegen das Eindringen von Wasser und Öl gelegt.

3.1 Wasserdichte E-Maschinen

Bei der Anordnung der E-Maschine auf der Kurbelwelle des Verbrennungsmotors bzw. in der Kupplungsglocke, steht kein wasserdichter Bauraum zur Verfügung. Auch

---

[4] Fister, Michael (2005): Serienanforderung an die elektrische Maschine im Hybridfahrzeug. In: Hybridfahrzeuge. mit 164 Bildern und 16 Tabellen. Band 52. Hrsg. Voß, Burghard. Renningen: Expert Verlag. S. 57f.

bei Antrieben, in der die E-Maschine außerhalb des Getriebes separat gelagert ist, kann Wasser zur E-Maschine dringen. Die Anforderungen an die Wasserbeständigkeit sind daher sehr hoch, besonders wenn es sich um die Automobilart SUV (Sport Utility Vehicle) handelt. Eine Watfähigkeit bis zur Kurbelwelle, im Wasser mit fünf Prozent Salzgehalt, muss gewährleistet sein. Das bedeutet, dass bei maximaler Spannung und maximalen Strom keine Gefahr durch Erdung des elektrischen Fahrzeuges durch den Betreiber entsteht. Die E-Maschine wird bis zur Drehachse in das salzhaltige Wasser getaucht. Beim Betrieb kommt es zur Umwälzung des Wassers durch den Rotor. Aufgrund der Fliehkraft bildet sich ein umlaufender Wasserring im Gehäuse. Die wasserdichte Anordnung wird durch eine spezielle Drahtbeschichtung, der Spulen der E-Maschine, erreicht. Die Verschaltungen der Einzelspulen werden vergossen. Eine Imprägnierung des Stators gibt einen zusätzlichen Schutz vor dem salzhaltigen Wasser. Der elektrische Anschlusskasten sitzt in der Regel oberhalb der Wattiefe, sollte aber trotzdem abgedichtet sein, um ein Volllaufen zu verhindern.

Diese Anforderungen müssen über die Lebensdauer, mit entsprechendem Temperaturbereich, zwischen Betriebstemperatur und null Grad Celsius nachgewiesen werden. [5]

3.2 Ölbeständige E-Maschinen

Bei der Anordnung der elektrischen Maschine innerhalb des geschlossen Getriebegehäuses, wird die Maschine teilweise in Öl getaucht. Grundsätzlich ist zu vermeiden, dass die Teile der E-Maschine dauerhaft mit Öl in Berührung kommen. Aufgrund des relativ kleinen Luftspalts zwischen Rotor und Stator, stellen sich durch das Öl sehr hohe Wandreibungsverluste ein. Im Kaltstartvorgang muss im gegebenen Fall die E-Maschine unter Umständen stärker ausgelegt sein, um die Wandreibungsverluste, hervorgerufen durch das extrem zähe Öl im Luftspalt, zu überwinden.

Der verwendete Draht mit Isolierschicht der Spulenkörper, ist resistent gegenüber Öl. Zu beachten ist auch, dass das Öl nicht mit ungeschützten Kupferoberflächen in

---

[5] vgl.: Fister, Michael (2005): Serienanforderung an die elektrische Maschine im Hybridfahrzeug. In: Hybridfahrzeuge S. 62.

Verbindung kommt. Das würde den Alterungsprozess des Getriebeöls be-
schleunigen. [6]

---

[6] vgl.: Fister, Michael (2005): Serienanforderung an die elektrische Maschine im Hybridfahrzeug. In: Hybridfahrzeuge S. 63.

4 Betriebsarten der E-Maschine

Je nach Fahrsituation kann die E-Maschine im Motorbetrieb oder im Generatorbetrieb betrieben werden. Wird beispielweise Vortriebsmoment vom Fahrer gefordert läuft die E-Maschine im Motorbetrieb. Beim Bergabfahren oder Bremsen wirkt die E-Maschine als Generator.

4.1 Motorbetrieb

Im Motorbetrieb übernimmt die E-Maschine über längere Zeit allein den Antrieb des Hybridfahrzeuges. Der Verbrennungsmotor wird beispielweise wie im Fullhybridmodell zur Gänze von der E-Maschine abgekoppelt. Die E-Maschine treibt die Räder an und wird vom Batteriespeicher mit elektrischer Energie versorgt. [7]

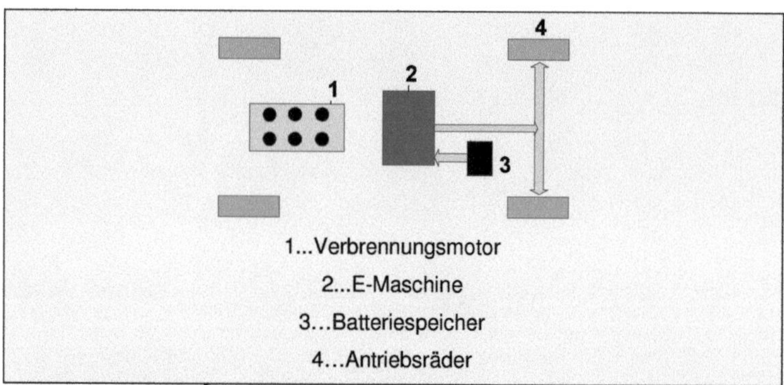

Abb. 4-1:*Motorbetrieb* [8]

Eine Besonderheit des Motorbetriebes ist das sogenannte Boosten. Beim Boosten sind Verbrennungsmotor und E-Maschine gekoppelt, beide geben ein positives

---

[7] vgl.: Bildstein, Michael (2008): Hybridantriebe, Brennstoffzellen und alternative Kraftstoffe. S. 6.
[8] Quelle: Bildstein, Michael (2008): Hybridantriebe, Brennstoffzellen und alternative Kraftstoffe. S. 6. (leicht modifiziert)

Antriebsmoment an die Räder ab. Dies wird dann eingesetzt, wenn maximales Vortriebsmoment erwünscht ist. Beide Antriebe geben dazu ihr maximales Drehmoment ab. [9]

4.2 Generatorbetrieb

Im Generatorbetrieb wird der Batteriespeicher aufgeladen. Der Verbrennungsmotor wird daher so betrieben, dass er eine größere Leistung abgibt, als für den gewünschten Vortrieb des Fahrzeuges notwendig ist. Die überschüssige Energie wird dazu verwendet, die E-Maschine anzutreiben. Die E-Maschine wirkt demnach als Generator und erzeugt elektrische Energie. Diese freiwerdende Energie lädt den Batteriespeicher auf. [10]

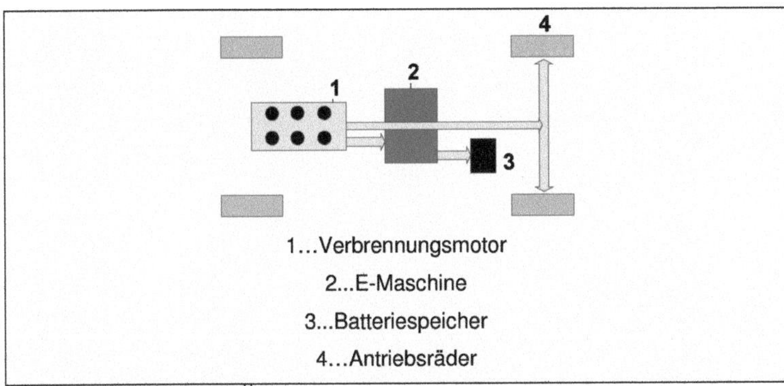

Abb. 4-2:*Generatorbetrieb* [11]

Eine Besonderheit des Generatorbetriebs ist das regenerative Bremsen oder auch rekuperatives Bremsen genannt. Beim Bergabfahren oder Abbremsen wird die E-Maschine über die Räder angetrieben. Die E-Maschine wirkt als Generator und erzeugt dabei ein generatorisches Bremsmoment. Die Betriebsbremse muss demnach um die Größe des generatorischen Bremsmoments weniger Leistung aufbringen, um das Fahrzeug zu bremsen. Die E-Maschine im Generatorbetrieb

---

[9] vgl.: Bildstein, Michael (2008): Hybridantriebe, Brennstoffzellen und alternative Kraftstoffe. S. 6.
[10] vgl.: Bildstein, Michael (2008): Hybridantriebe, Brennstoffzellen und alternative Kraftstoffe. S. 6.
[11] Quelle: Bildstein, Michael (2008): Hybridantriebe, Brennstoffzellen und alternative Kraftstoffe. S. 6. (leicht modifiziert)

liefert elektrische Energie, die im Batteriespeicher gespeichert wird. Durch regeneratives Bremsen wird ein Teil der Bremsenergie, die bei herkömmlichen Fahrzeugen über die Betriebsbremse durch Reibung verloren geht, rückgewonnen.

5 Aufbau und Wirkungsweise von drei unterschiedlichen E-Maschinen

Im folgenden Kapitel werden drei unterschiedliche Wechselstrommaschinen im Punkto Aufbau und Wirkungsweise untersucht. Die gewählten E-Maschinentypen gelten, nach dem heutigen Stand der Technik, als sehr geeignet für den Einbau in Hybridfahrzeugen. Das Wirkprinzip der unterschiedlichen Typen ist jeweilig anders, daraus ergeben sich auch unterschiedliche Eigenschaften.

5.1 Asynchronmaschine

Fernab vom Fahrzeugbau ist die Asynchronmaschine (ASM) eine der am weitesten verbreiteten E-Maschinen. Durch die einfache, betriebssichere Bauweise wird diese aber ebenfalls in hybriden Antriebssträngen integriert.

5.1.1 Aufbau und Wirkungsweise

Die Asynchronmaschine besitzt wie die Synchronmaschine einen Stator und einen Rotor. In den Nuten des Stators befinden sich drei Spulen, die um 120° räumlich versetzt sind. Die feststehende Statorwicklung wird mit Drehstrom versorgt. Die Magnetfelder der einzelnen Spulen überlagern sich. Es entsteht ein Drehfeld mit konstanter Amplitude, das sich mit hoher Geschwindigkeit dreht. Die Geschwindigkeit des Statordrehfeldes ist Abhängig von der Frequenz der angelegten Spannung und der Polpaarzahl der Statorwicklung.
Der Rotor besteht aus Kupfer- oder Aluminiumstäben, die an beiden Enden über einen Kupfer- oder Aluminiumring kurzgeschlossen sind, siehe Abb 5-1. Die kurzgeschlossenen Kupfer- bzw. Aluminiumstäbe bilden eine Kurzschlusswicklung, mit der Windungsanzahl gleich eins. Diese Art der Asynchronmaschine wird aufgrund des Rotoraufbaues, als Kurzschlussläufer bezeichnet. Das Drehfeld des Stators durchsetzt die Kurzschlusswicklung des Rotors. Der Rotor erfährt dadurch ein

Drehmoment. Dieses Drehmoment entsteht, da das Drehfeld in der kurzgeschlossenen Rotorwicklung eine Spannung induziert. Diese Spannung treibt den Rotorstrom. Der Grundsatz des Motorprinzips besagt, dass auf einem stromdurchflossenen Leiter im Magnetfeld eine Kraft ausgeübt wird. Der Rotor dreht sich in dieselbe Richtung wie das Statordrehfeld, jedoch aber mit einer niedrigeren Drehzahl. Die Rotordrehzahl ist demnach asynchron zum Statordrehfeld. Der Lagewinkel aufgrund der Drehzahldifferenz von Rotor und Stator wird Schlupfwinkel genannt. [12]

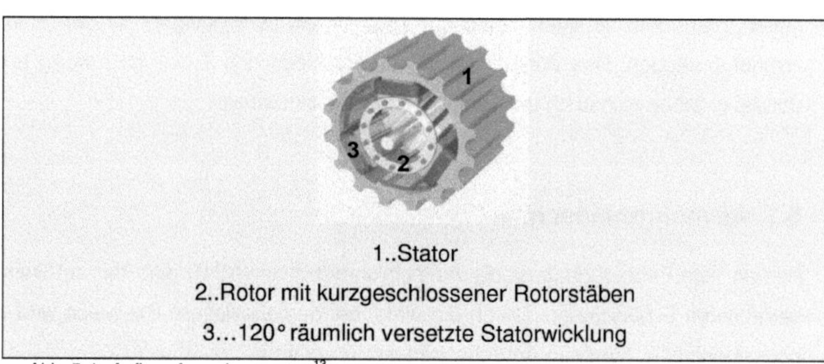

Abb. 5-1: *Aufbau Asynchronmotor* [13]

Ist die Rotordrehzahl synchron zum Statordrehfeld, wird keine Spannung in die Rotorwicklung induziert. Es wirkt kein Drehmoment auf den Rotor.

Aufgrund des geringen Rotorwiderstandes, hervorgerufen durch die gut leitenden Rotorstäbe, entstehen sehr hohe Anlaufströme. Um das Anlaufverhalten des Kurzschlussläufers zu verbessern sind unterschiedliche Stabformen entwickelt worden. Es wird demnach zwischen Rundstab-, Hohlstab-, Doppelstab- und Drei-stabläufer unterschieden. [14]

---

[12] vgl.: Müller, Wolfgang, Graf, Gerhard (1997): Elektrotechnik. Energietechnik/Energieelektronik. Ausgabe für Österreich. Braunschweig: Westermann. S 117 - 122.
[13] Quelle: http://electro.ltett.lu/X1EE/MACEL_X1EE.htm [Stand 18.03.2009]. (leicht modifiziert)
[14] vgl.: http://www.tu-ilmenau.de/fakmb/fileadmin/template/fgkft/div/Download/Antriebstechnik/-Hybridtechnik.pdf [Stand 18.03.2009]. S 21.

5.1.2 Vorteile der Asynchronmaschine

Die ASM wird aufgrund ihrer Robustheit, einfache Ansteuerung und niedrigen Kosten im Hybridfahrzeug eingesetzt. [15]

5.2 Geschaltete Reluktanzmaschine

Die Geschaltete Reluktanzmaschine (SRM) ist eine Unterart der Synchronmaschine. Der einfache und kostengünstige Aufbau zeichnet diesen Maschinentyp aus.

5.2.1 Aufbau und Wirkungsweise

Im Gegensatz zur Permanentmagnet Synchronmaschine (PSM) ist der Rotor nicht mit Dauermagneten bestückt, sondern besteht aus strukturiertem Elektroblech. Die Herstellung des Rotors ist mechanisch und fertigungstechnisch einfach. [16]

Reluktanz heißt magnetischer Widerstand. Der Stator und Rotor unterscheiden sich prinzipiell nicht von dem der Synchron- und Asynchronmaschine. Der Rotor besteht aus einem weichmagnetischen Werkstoff. Durch die Geometrie des Motors ergeben sich unterschiedliche magnetische Widerstände bzw. Reluktanzen. Für unterschiedliche Winkelstellungen des Rotors. [17]

Ein Reluktanzmotor hat eine unterschiedliche Anzahl ausgeprägter Zähne an Rotor und Stator. Die Statorzähne sind mit Spulen bewickelt, die abwechselnd ein- und ausgeschaltet werden. Die Zähne mit den bestromten Wicklungen ziehen jeweils die nächstgelegenen Zähne des Rotors, wie ein Elektromagnet an und werden abgeschaltet, wenn (oder kurz bevor) die Zähne des Rotors den sie anziehenden Statorzähnen gegenüberstehen. In dieser Position wird die nächste Phase auf anderen Statorzähnen eingeschaltet, die andere Rotorzähne anzieht. Im allgemeinen hat ein geschalteter Reluktanzmotor drei oder mehr Phasen. Es gibt aber auch

---

[15] vgl.: Brauer, Michael (2007): Innovative Serien-Hybrid-Antriebe für City-Busse in Solo- und Gelenkbus-Ausführung. In: Internationaler ETG-Kongress 2007. Band 107. Hrsg. Energietechnische Gesellschaft im VDE (ETG). Berlin: VDE Verlag. S. 49.
[16] vgl.: Müller, Anton, Weck Werner (2005): Magnet Motor Systeme für Hybridantriebe mit hohen Anforderungen. In: Hybridfahrzeuge. S. 72.
[17] vgl.: Babiel, Gerhard (2007): Elektrische Antriebe in der Fahrzeugtechnik. 1. Auflage. Wiesbaden: Vieweg. S. 122.

Sonderbauformen mit nur zwei oder einer Phase. Um im richtigen Zeitpunkt umzuschalten, wird die Maschine in der Regel mit einem Rotorlagegeber versehen. Es gibt aber auch geberlose Steuerverfahren. Eine Regelung ist mittels des Statorsstroms oder direkt über das Drehmoment möglich. [18]

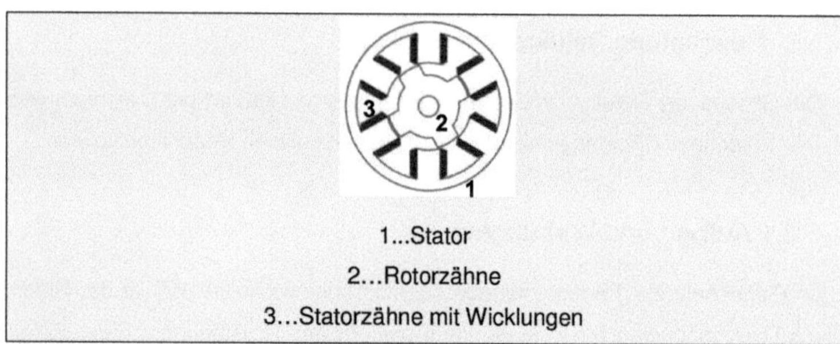

Abb. 5-2: *Schnitt durch den geschalteten Reluktanzmotor* [19]

Man nutzt in der Reluktanzmaschine die Trägheit des Läufers und schaltet im richtigen Moment den Strom aus und anschließend wieder weiter zum nächsten Spulenpaar. Durch diesen Vorgang entsteht ein Drehmoment am Rotor. [20]

Um ein exaktes Weiterschalten zu gewährleisten, ist eine Rotorlageerfassung erforderlich. Es genügt ab der Ausgangslage des Rotors die Schritte im- oder gegen den Uhrzeigersinn zu zählen und mit dem Schrittwinkel zu multiplizieren. [21]

5.2.2 Besonderheiten der Reluktanzmaschine

Der Vorteile der Reluktanzmaschine gegenüber der SM ist, dass die Drehzahlregelung sehr präzise durchgeführt werden kann. Die Drehzahl ist lediglich von der Frequenz und der Höhe der Netzspannung abhängig, während bei der SM die Polpaarzahl noch zusätzlich die Drehzahl beeinflusst. [22]

---

[18] http://de.wikipedia.org/wiki/Reluktanzmotor [Stand 18.03.2009]
[19] Quelle: http://de.wikipedia.org/wiki/Reluktanzmotor [Stand 18.03.2009]. (leicht modifiziert)
[20] vgl.: Babiel, Gerhard (2007): Elektrische Antriebe in der Fahrzeugtechnik. S. 122.
[21] vgl.: http://www.tu-ilmenau.de/fakmb/fileadmin/template/fgkft/div/Download/Antriebstechnik/-Hybridtechnik.pdf [Stand 20.03.2009]. S 28.
[22] vgl.: http://www.tu-ilmenau.de/fakmb/fileadmin/template/fgkft/div/Download/Antriebstechnik/-Hybridtechnik.pdf [Stand 20.03.2009]. S 28.

5.3 Synchronmaschine

Vergleicht man unterschiedliche E-Maschinen, so kann man feststellen, dass die Permanentmagnet Synchronmaschine (PSM) die am meisten verbreitetste E-Maschine ist. [23]

5.3.1 Aufbau und Wirkungsweise der Synchronmaschine

Der Synchronmotor besteht wie der Asynchronmotor aus einem Stator und einem Rotor. Wird die Statorwicklung mit Drehstrom versorgt, bildet sich ein Drehfeld (Statorfeld). Ebenso wird die Rotorwicklung mit einem Erregerstrom versorgt. Es bildet sich ein magnetisches Erregerfeld. Bei der PSM befinden sich anstatt der Rotorwicklungen, Permanentmagnete im Rotor. Eine externe Erregerstromversorgung des Rotors ist daher nicht erforderlich.

Wirft man den Läufer in Drehfeldrichtung an, dann nimmt der Nordpol des Drehfeldes den Südpol des Rotors mit. In gleicher Weise verhält sich der Südpol des Drehfeldes mit dem Nordpol des Stators. Die Grundlage für diesen Vorgang ist der Grundsatz des Magnetismus der besagt, dass sich ungleichnamige Pole anziehen. Der Stator vollführt demnach eine Drehbewegung, deren Drehzahl synchron zur Drehzahl des Drehfeldes ist. Je nach Belastung der Maschine kann sich ein Verdrehwinkel zwischen Stator und Rotormagnetfeld ergeben. Die Drehzahl der Maschine ist abhängig von der Frequenz der Versorgungsspannung bzw. der Anzahl der Polpaare der Statorwicklung. [24]

Die Leistung bzw. Höhe des Drehmomentes wird über die Amplitude des Statorfeldes und dem Verdrehwinkel zwischen Stator und Rotormagnetfeld geregelt. Aus diesem Grund ist die exakte Erfassung der Rotorlage maßgebend für die Güte der Drehmomentenregelung. [25]

---

[23] vgl.: http://www.hybrid-autos.info/technik/e-maschinen [Stand 09.03.2009].

[24] vgl.: Müller, Wolfgang, Graf, Gerhard (1997): Elektrotechnik. Energietechnik/Energieelektronik. S 150.

[25] vgl.: Bildstein, Michael (2008): Hybridantriebe, Brennstoffzellen und alternative Kraftstoffe. S 32.

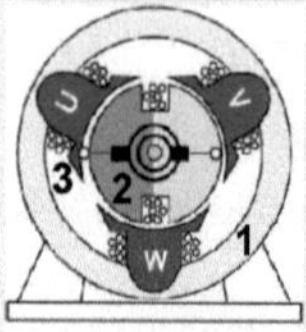

1..Stator

2..Rotor mit Erregerwicklung

3...120° räumlich versetzte Statorwicklung

Abb. 5-3: *Synchronmotor* [26]

5.3.2 Permanentmagnet Synchronmaschine

Als feldbildende Komponenten im Rotor werden bei der PSM Permanentmagnete eingesetzt. Je nach Bauform können diese als Oberflächenmagnete oder Vergrabene Magnete ausgeführt sein. Abhängig vom Einsatzort kann der Motor als Innenläufer oder Außenläufer aufgebaut werden. [27]

Anhand des geometrischen Aufbaues der Permanentmagnet Synchronmaschine können mehrere Bauformen wie folgt unterschieden werden: [28]

- Innenläufer Synchronmaschine mit Oberflächenmagneten [...]
- Innenläufer Synchronmaschine mit vergrabenen Magneten [...]
- Aussenläufer Synchronmaschine mit Oberflächenmagneten [...]
- Aussenläufer Synchronmaschine mit vergrabenen Magneten

Als Innenläufer wird ein Synchronmotor dann bezeichnet, wenn der Motor im Inneren des Stators rotiert. Im Gegensatz rotiert der Rotor beim Aussenläufer, um den feststehenden Stator. Je nach Lage der Permanentmagneten wird zwischen vergrabenen- und Oberflächenmagneten unterschieden.

---

[26] Quelle: http://www.8ung.at/elektrotechnik/FK/2f.htm [Stand 11.03.2009]. (leicht modifiziert).

[27] vgl.: http://www.hybrid-autos.info/technik/e-maschinen [Stand 11.03.2009].

[28] http://www.hybrid-autos.info/technik/e-maschinen [Stand 11.03.2009].

5.3.3 Vergrabene Magnete

Vergrabenen Magnete werden vor allem dann verwendet, wenn die Applikation hohe Bauteiltemperaturen und Fliehkräften fordert. Dies ist bei Hybrid-KFZ-Applikationen der Fall. Vergrabene Magnete werden deswegen eher bevorzugt. Die Magnete werden dazu in Taschen geklebt und in das Rotorblech eingebracht.
Ein weiterer Vorteil liegt in der Reduktion der Wirbelstromverluste aufgrund der metallischen Leitfähigkeit der Permanentmagnete. [29]

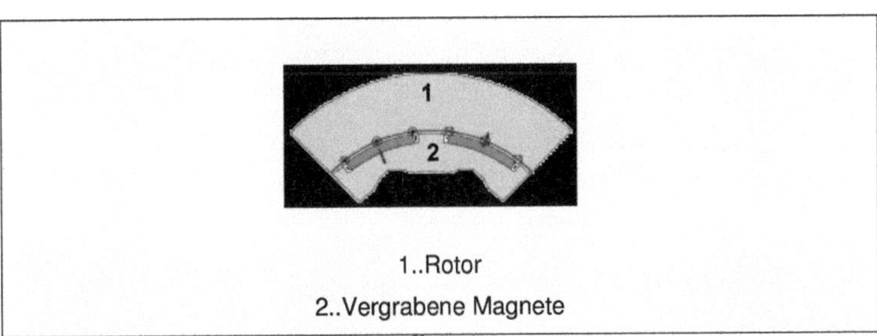

1..Rotor

2..Vergrabene Magnete

Abb. 5-4: *Lage der vergrabenen Magneten* [30]

Der PSM, mit in den Rotor vergrabenen Magneten, besitzt sehr gute Eigenschaften in Bezug auf Leistungs- und Drehmomentdichte. Durch die Integration der Magnete in den Rotor ist der magnetisch wirksame Luftspalt zwischen Rotor und Stator nicht mehr konstant. Dies führt zu einer starken asymmetrischen Induktionsverteilung, dass wiederum neben dem Hauptdrehmoment, ein Reluktanzdrehmoment zur Folge hat. [31]

5.3.4 Oberflächenmagnete

Die Magnete werden direkt an der Oberfläche des Rotors, durch Kleben oder Pantagen, platziert. Im Hybrid-KFZ-Bereich sind diese, aufgrund der Vorteile der eingebetteten Magnete, nur wenig verbreitet. [32]

---

[29] vgl.: Bildstein, Michael (2008): Hybridantriebe, Brennstoffzellen und alternative Kraftstoffe. S. 32.
[30] Quelle: http://www.imab.tu-bs.de/paper/2005/wbruhn_05.htm#wb-bi-01 [Stand 25.03.2009]. (leicht modifiziert).
[31] vgl.: Grote, Tobias (2007): Direct Tourque Control für den verlustoptimalen Bereich eines Permanentmagnet-Synchronmotors mit eingebetteten Magneten. In: Internationaler ETG-Kongress 2007. S. 289.
[32] vgl.: Bildstein, Michael (2008): Hybridantriebe, Brennstoffzellen und alternative Kraftstoffe. S. 32.

5.3.5 Wirkungsgrad der Synchronmaschine

Der sehr gute Wirkungsgrad der PSM im Vergleich zu anderen Maschinen führt zu einer sehr hohen Marktdurchdringung. Das abgebildete Diagramm zeigt den Arbeitsbereich einer PSM.

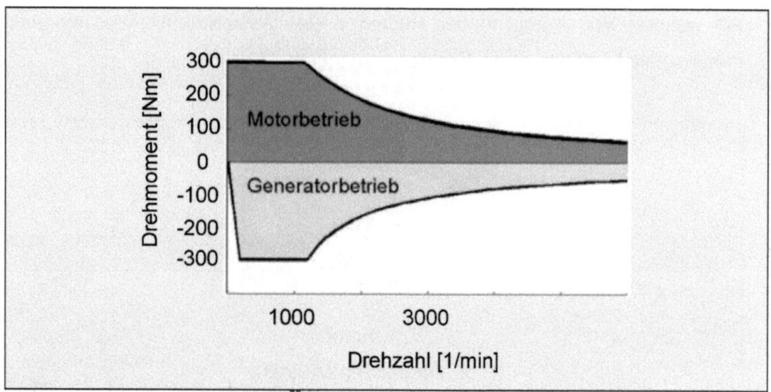

Abb. 5-5: *Arbeitsbereich der PSM* [33]

Den Arbeitsbereich bestimmen im Grunde genommen zwei Bereiche: [34]

- Im Grunddrehzahlbereich wird das maximal nutzbare Drehmoment durch den maximalen Strom des Pulswechselrichter bzw. der E-Maschine beschränkt.
- Im Feldschwächbereich wird das maximal nutzbare Drehmoment durch die maximal zur Verfügung stehende Leistung des Batteriespeichers bestimmt.

---

[33] Quelle: http://www.hybrid-autos.info/technik/e-maschinen/wirkungsgrad-der-synchronmaschine.html [Stand 11.03.2009]. (leicht modifiziert).
[34] vgl.: http://www.hybrid-autos.info/technik/e-maschinen/wirkungsgrad-der-synchronmaschine.html [Stand 11.03.2009].

6 Direkter Praxisvergleich der drei unterschiedlichen E-Maschinen

Im vorhergehenden Kapitel wurden drei unterschiedliche E-Maschinen in ihrer Wirkungsweise näher untersucht.

Im Hybridfahrzeug können unterschiedliche Antriebsmaschinen verwendet werden. In Prototypen und Serienfahrzeugen findet die ASM, PSM und SRM ihren Einsatz. Um die unterschiedlichen Eigenschaften dieser drei Antriebsmaschinen zu veranschaulichen, wurden diese in einem Experiment untersucht. Die Maschinen wurden elektromagnetisch und thermisch berechnet, gefertigt und in drei E-Go-Karts eingebaut.

Für den korrekten Vergleich der drei verwendeten Antriebsmaschinen ist es vor allem wichtig, dass alle verwendeten Komponenten des Test Go-Karts identisch sind. [35]

6.1 Aufbau des E-Go-Karts

6.1.1 Batteriesystem

Ein Teil des elektrischen Antriebsstrangs im E-Go-Kart ist das Batteriesystem. Für den Test werden Blei- bzw. Lithium Ionen Batterien eingesetzt. Die technischen Spezifikationen sind in der Tabelle 6-1 ersichtlich. [36]

Das Batteriesystem liefert die elektrische Energie, die die E-Maschine in kinetische Vortriebsenergie umwandelt. Das Batteriesystem ist in den Seitenkästen integriert.

---

[35] vgl.: Neudorfer, Harald (2007): Vergleich von drei unterschiedlichen elektrischen Antriebsmaschinen und deren Simulation und Messung in drei High-Performance E-Go-Karts. In: Internationaler ETG-Kongress 2007. S 117.

[36] vgl.: Neudorfer, Harald (2007): Vergleich von drei unterschiedlichen elektrischen Antriebsmaschinen und deren Simulation und Messung in drei High-Performance E-Go-Karts. In: Internationaler ETG-Kongress 2007. S 118f.

	Blei-Batterie	Lithium-Ionen-Batterie
Nennspannung [V]	48	56
Kapazität [Ah]	70	132
Gesamtenergie [kWh]	3,36	7,4
Masse inkl. Gehäuse [kg]	93	83
Energie/Masse [kWh/kg]	36,1	89

Tab. 6-1: *Technische Daten der Blei-Batterie und der Lithium-Ionen-Batterie* [37]

Die notwendige Kühlung der Lithium-Ionen-Batterien wird über ein Kühlflüssigkeitssystem erreicht. Dies ist in zwei Batteriekästen integriert und kühlt die vier Batteriemodule. Die Sensorik des Batteriemanagements messen permanent die Spannung, die Temperaturen sowie indirekt über einen Messwiderstand, den aktuellen Zwischenkreisstrom.

6.1.2 Ultra Caps

Um den Motor bzw. die Batterie mit elektrischer Energie zu puffern werden wahlweise zuschaltbare Ultra Caps verbaut. [38]

Doppelschicht-Kondensatoren, auch elektrochemische Doppelschicht-Kondensatoren (engl. electrochemical double layer capacitor - EDLC) oder Superkondensatoren genannt, mit den Markennamen Goldcaps, Supercaps, BoostCaps oder Ultracaps, haben die größte Energiedichte aller Kondensatoren. [39]

Die beiden Ultra Caps Module bestehen aus zwölf Einzelmodulen, die in Reihe geschaltet sind. Die technischen Spezifikationen sind in der Tabelle 6-2 ersichtlich. [40]

---

[37] Quelle: Neudorfer, Harald (2007): Vergleich von drei unterschiedlichen elektrischen Antriebsmaschinen und deren Simulation und Messung in drei High-Performance E-Go-Karts. In: Internationaler ETG-Kongress 2007. S 118. (leicht modifiziert).

[38] vgl.: Neudorfer, Harald (2007): Vergleich von drei unterschiedlichen elektrischen Antriebsmaschinen und deren Simulation und Messung in drei High-Performance E-Go-Karts. In: Internationaler ETG-Kongress 2007. S 118.

[39] http://de.wikipedia.org/wiki/Doppelschicht-Kondensator [Stand 18.03.2009]

[40] vgl.: Neudorfer, Harald (2007): Vergleich von drei unterschiedlichen elektrischen Antriebsmaschinen und deren Simulation und Messung in drei High-Performance E-Go-Karts. In: Internationaler ETG-Kongress 2007. S 119.

Nennspannung	[V]	56
Kapazität	[F]	110
Energie	[Wh]	48
Masse inkl. Gehäuse	[kg]	39
Energie/Masse	[Wh/kg]	1,23

Tab. 6-2: *Technische Daten der Ultra-Caps* [41]

6.1.3 Wechselrichter

Der IGBT (Isolated Gate Bipolar Transistor) Wechselrichter mit einer konstanten Zwischenkreisspannung wurde von der Fa. Continental entwickelt. Die gesamte Elektronik inklusive der Motorsteuereinheit, Strommesssensoren und die Zwischenkreiskapazität sind in einem mit Flüssigkeit gekühltem Aluminiumgehäuse untergebracht. [42]

Strom	[A]	max. 425
Zwischenkreisspannung	[V]	24 - 64
Schaltfrequenz	[Hz]	8000
Kühlsystem		50% Wasser, 50% Glykol
Kühlmitteleintrittstemperatur	[°C]	40

Tab. 6-3: *Technische Daten des IGBT Wechselrichters* [43]

6.1.4 E-Maschinen

Die drei E-Maschinen ASM, PSM und SRM sind ursprünglich für Hybridstraßenfahrzeuge entwickelt worden. Um die Sicherheitsbestimmungen für Elektro-Fun-Cars einzuhalten, wurden die Wicklungen der drei Maschinen auf eine Zwischenkreisspannung von 50V ausgelegt.

---

[41] Quelle: Neudorfer, Harald (2007): Vergleich von drei unterschiedlichen elektrischen Antriebsmaschinen und deren Simulation und Messung in drei High-Performance E-Go-Karts. In: Internationaler ETG-Kongress 2007. S 119. (leicht modifiziert).
[42] vgl.: Neudorfer, Harald (2007): Vergleich von drei unterschiedlichen elektrischen Antriebsmaschinen und deren Simulation und Messung in drei High-Performance E-Go-Karts. In: Internationaler ETG-Kongress 2007. S 120.
[43] Quelle: Neudorfer, Harald (2007): Vergleich von drei unterschiedlichen elektrischen Antriebsmaschinen und deren Simulation und Messung in drei High-Performance E-Go-Karts. In: Internationaler ETG-Kongress 2007. S 119. (leicht modifiziert).

Der Statordurchmesser von 180mm und alle motorzugehörigen Bauteile wie Gehäuse, Lagerschilder, Rotorwelle und das Kühlkonzept sind bei allen drei Maschinentypen identisch.

Der Stator der PSM ist identisch mit der ASM. Das Rotorblechpaket besteht aus fünf identischen Teilpaketen. Die Permanentmagneten sind Oberflächenmagneten bzw. sind auf der Rotoroberfläche aufgeklebt. Durch Kohlefaserbandagen sind diese gegen Defekte durch hohe Fliehkräfte, hervorgerufen durch die Rotation geschützt.

Der Vorteil der SRM liegt im einfachen Aufbau der Statorwicklungen und im robusten und kostengünstigen Aufbau des Stators. Der Stator besteht aus achtzehn Zähne, der Rotor aus zwölf. [44]

6.2 Testergebnisse

Der Vergleichstest der E-Go-Karts ergab folgende Ergebnisse:

Vergleichsparameter	ASM	PSM	SRM
Max. Wirkungsgrad Maschine + WR [%]	78	86	84
Max. Drehmoment S2-2min [Nm]	82	65	85
Max. Mechanische Leistung S2-2min [kW]	9,1	11,3	10,3
Auslaufstrecke von 30 km/h bis Stillstand [m]	118	31,4	61,4
Beschleunigungszeit von 0 auf 40 km/h ohne UC [s]	5,3	4,8	3,6
Max. Spannungsabfall bei Beschleunigung ohne UC [V]	6	10	9
Max. Anfahrdrehmoment ohne UC [Nm]	39,6	50,1	72
Beschleunigungszeit von 0 auf 40 km/h mit UC [s]	6,4	4,5	3,7
Max. Spannungsabfall bei Beschleunigung mit UC [V]	4	7	6
Max. Anfahrdrehmoment mit UC [Nm]	39,2	65	90

Tab. 6-4: *Zusammenfassender Vergleich* [45]

Grundsätzlich kann man schlussfolgern, dass sich die E-Maschinen in den drei aufgebauten High-Performance E-Go-Karts als ziemlich gleichwertig erweisen. Die maximalen Wirkungsgrade der drei Maschinen sind unterschiedlich hoch und liegen zwischen 78 und 86 Prozent.

---

[44] vgl.: Neudorfer, Harald (2007): Vergleich von drei unterschiedlichen elektrischen Antriebsmaschinen und deren Simulation und Messung in drei High-Performance E-Go-Karts. In: Internationaler ETG-Kongress 2007. S 119-121.

[45] Quelle: Neudorfer, Harald (2007): Vergleich von drei unterschiedlichen elektrischen Antriebsmaschinen und deren Simulation und Messung in drei High-Performance E-Go-Karts. In: Internationaler ETG-Kongress 2007. S 126.

Der nähere Vergleich zeigt jedoch, dass die PSM Vorteile im Bereich Wirkungsgrad und bei der maximal möglichen Leistung aufweist. Der Wirkungsgrad ist um 2 bis 10 Prozent höher als bei der ASM. Dies ist vor allem auf die sehr geringen Rotorverluste der PSM zurück zu führen. Nachteilig geht hervor, dass die PSM schlechte Eigenschaften im Auslaufversuch von 30km/h bis zum Stillstand zeigt. Beteiligt an diesem Verhalten sind die hohen Schleppverluste. Durch die permanente Magnetisierung der Maschine treten beim Auslaufen Eisenverluste auf, die den Antrieb abbremsen.

Die SRM zeigt Vorteile in Punkto Beschleunigungsverhalten und höchstmöglichen Anfahrdrehmoment und geht als klarer Testsieger in diesem Bereich hervor. Dieses Drehmoment kann die Maschine aber nur bis einer Drehzahl von circa 500 Umdrehungen pro Minute halten.

Der Einbau von Ultra Caps hat auf das Beschleunigungsverhalten keinen wesentlichen Einfluss. Die E-Maschinen liefern aufgrund des geringeren Spannungseinbruches in den Zwischenkreisen, ein höheres Drehmoment. Dieser Vorteil kann aber durch die hohe Masse der Ultra Caps, 39kg also circa 12 Prozent der Gesamtmasse, nicht genutzt werden. [46]

Aus den gesammelten Daten geht hervor, dass die ASM der Verlierer in Punkto Wirkungsgrad ist. Die PSM liegt, auch wenn nur knapp, vor der SRM.

6.3 PSM als Testsieger in Punkto Wirkungsgrad

Das Kriterium Wirkungsgrad hat eine sehr hohe Gewichtung für die Entscheidung, welcher E-Motor für das Hybridfahrzeug ausgewählt wird. Der Vergleich der unterschiedlichen Antriebsmaschinen bestätigt die Vorteile der PSM im Wirkungsgradverhalten. Der gute Wirkungsgrad sowie mechanische Vorteile zeigen sehr deutlich wieso die PSM im Hybrid-Automobilmarkt vorzugsweise gewählt wird.

---

[46] vgl.: Neudorfer, Harald (2007): Vergleich von drei unterschiedlichen elektrischen Antriebsmaschinen und deren Simulation und Messung in drei High-Performance E-Go-Karts. In: Internationaler ETG-Kongress 2007. S 121-126.

7 Einsatz der Synchronmaschinen in Fahrzeugmodellen

Untersuchungen von serienreifen Produkten bzw. Prototypen namhafter Automobilhersteller zeigen, dass zum heutigen Stand der Technik sehr oft Synchronmaschinen in die Hybridfahrzeuge integriert werden, siehe Tabelle 7-1.

Marke	Modell	E-Maschine
KIA	RIO	SM 12kW/95Nm
AUDI	Q7	PSM 32kW
TOYOTA	Prius	PSM 50kW/400Nm
BMW	Concept 7	PSM 15kW/210Nm
CADILLAC	Escalade Hybrid	PSM 60kW
CITROEN	C4 HDi Hybrid	PSM 16kW
FORD	Escape Hybrid	PSM 65kW
HONDA	Civic	PSM 15kW

Tab. 7-1: *Einsatz der Synchronmaschine in Herstellerprodukten* [47]

Die Begründung für den Einsatz liegt im guten Wirkungsgrad der Maschine.
Die SRM hat zurzeit noch nicht den Entwicklungsstand erreicht, um diese in Serienfahrzeuge zu integrieren. In diesem Gebiet verspricht man sich jedoch hohes Entwicklungspotential.
Die ASM wurde in den ersten Entwicklungsstadien der Hybridtechnologie, vorrangig integriert. Durch Weiterentwicklung der SM und dadurch verbundenen Wirkungsgradsteigerung wird die ASM jedoch immer mehr von der SM verdrängt.

Die Ziele der zukünftigen Forschungsaktivitäten ist die Verbesserung des Geamtwirkungsgrad des hybriden Antriebstrangs. Die Erreichung dieser Ziele hieße eine Optimierung der Leistung und die Reichweite des Automobils. Die Optimierung der E-Maschine ist ein wichtiger Beitrag zum Erfolg des Hybridfahrzeuges.

---

[47] Quelle: Eigene Darstellung.

8 Persönliches Resümee

Die Forschung und Entwicklung des Hybridfahrzeugs ist bereits stark fortgeschritten. Das beweisen unterschiedliche Automobilhersteller durch serienreife Modelle. Der Wettbewerb in diesem Markt ist bereits voll angelaufen, der Nutzen der Hybridtechnologie schon teilweise bei den Konsumenten bekannt. Das Hybridfahrzeug dient meiner Meinung nach als Vorstufe zum reinen Elektrofahrzeug. Die E-Maschine bildet neben dem Verbrennungsmotor das Herzstück des Hybridantriebs und spielt eine wesentliche Rolle im Antriebskonzept. Die Gewichtung des Kriteriums Wirkungsgrad der E-Maschine ist zum heutigen Stand der Technik sehr hoch anzusehen. Gilt es doch die Optimierungspotenziale des Hybridantriebes im Punkto Verbrauch, Kosten, Emissionen und Reichweite, zu nutzen.
Die Testergebnisse des Praxisbeispiels bestätigen klar, dass die Synchronmaschine unter Berücksichtigung des Kriteriums Wirkungsgrads, die geeignetste Maschine für die Integration in den hybriden Antriebsstrangs ist. Das Ergebnis bestätigt den Einsatz der Synchronmaschine bei den Automobilherstellern.

Zum heutigen Stand der Technik gibt es viele unterschiedliche Varianten die E-Maschine in den hybriden Antriebsstrang zu integrieren. Je nach Konzept kommen unterschiedliche Getriebevarianten zum Einsatz. Hier bleibt jedoch abzuwarten wie sich die Technologie in der Zukunft entwickeln wird. Es ist noch nicht absehbar, ob die hohe Gewichtung des Kriteriums Wirkungsgrad auch in Zukunft essentiell ist. Denkbar wäre ebenso, dass eine andere Eigenschaft der E-Maschine oder eine mechanische Komponente gegenüber dem Wirkungsgrad bevorzugt wird. Wäre demnach der Fokus auf das Kriterium Anfahrtsdrehmoment der E-Maschine gelegt, hätte die Geschaltete Reluktanzmaschine klare Vorteile gegenüber der Synchronmaschine.

9 Literaturverzeichnis

Bücher und Zeitschriften

BABIEL (2007)   Babiel, Gerhard (2007): Elektrische Antriebe in der Fahrzeugtechnik.
1. Auflage. Wiesbaden: Vieweg.

BILDSTEIN (2008)   Bildstein, Michael / Mann, Karsten / Richter, Byke / Gröter, Hans-Peter / Aumayer, Richard / Faßnacht, Jochen / Baumann, Frank / Faye, Ian / Gottwick, Ulrich / Grünwald, Werner / Schäfert, Arthur / Vollmer, Dirk / Wach, Achim / Allgeier, Thorsten / Ullmann, Jörg (2008): Hybridantriebe, Brennstoffzellen und alternative Kraftstoffe.1.Ausgabe.Plochingen: Robert Bosch GmbH.

BRAUER (2007)   Brauer, Michael / Brendel, Bernd / Holl, Eugen / Jöckl, Andreas (2007): Innovative Serien-Hybrid-Antriebe für City-Busse in Solo- und Gelenkbus-Ausführung. In: Internationaler ETG-Kongress 2007. Band 107. Hrsg. Energietechnische Gesellschaft im VDE (ETG). Berlin: VDE Verlag. S. 47.

FISTER (2002)   Fister, Michael (2005): Serienanforderung an die elektrische Maschine im Hybridfahrzeug. In: Hybridfahrzeuge.mit 164 Bildern und 16 Tabellen. Band 52. Hrsg. Voß, Burghard. Renningen: Expert Verlag. S. 57.

GERL (2002)   Gerl, Bernhard (2002): Innovative Automobilantriebe. Konzepte auf Basis von Brennstoffzellen, Traktionsbatterien und alternativen Kraftstoffen. 1.Auflage. Landsberg/Lech: Moderne Industrie.

GROTE (2007)   Grote, Tobias / Meyer, Michael / Böcker, Joachim (2007): Direct Tourque Control für den verlustoptimalen Bereich eines Permanentmagnet-Synchronmotors mit eingebetteten Magneten. In: Internationaler ETG-Kongress 2007. S. 289.

MÜLLER (1997)   Müller, Wolfgang / Graf, Gerhard (1997): Elektrotechnik. Energietechnik/Energieelektronik. Ausgabe für Österreich. Braunschweig: Westermann.

MÜLLER (2005)   Müller, Anton / Weck, Werner (2005): Magnet Motor Systeme für Hybridantriebe mit hohen Anforderungen. In: Hybridfahrzeuge.mit 164 Bildern und 16 Tabellen. Band 52. Hrsg. Voß, Burghard. Renningen: Expert Verlag. S. 72.

NEUDORFER (2007)   Neudorfer, Harald (2007): Vergleich von drei unterschiedlichen elektrischen Antriebsmaschinen und deren Simulation und Messung in drei High-Performance E-Go-Karts. In: Internationaler ETG-Kongress 2007. S 117.

REDAKTION AVL-LIST GMBH (2009)   Redaktion AVL-List GmbH (2009): Die Zukunft ist elektrifiziert. Ein Themen-Schwerpunkt im herausfordernden Jahr 2009. In: 4Weeks Zeitung für AVL MitarbeiterInnen (Graz) vom 01.03.2009. S.2.

Internetquellen

www.electro.ltett.lu [18.03.2009]

www.hybrid-autos.info [11.03.2009]

www.imab.tu-bs.de [25.03.2009]

www.tu-ilmenau.de [18.03.2009]

www.wikipedia.org [18.03.2009]

www.8ung.at/elektrotechnik [11.03.2009]

10 Anhang Inhaltsverzeichnis

A Grafischer Bezugsrahmen

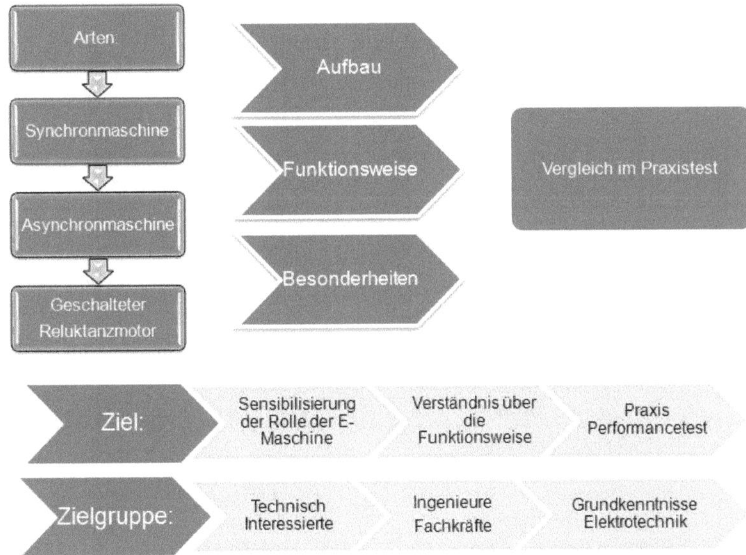

B Projektplan

Nr.	Arbeitspaket	Dauer	Start	Ende
1	Sammlung und Sichtung von Litaratur	8 Tage	08.Jän.09	18.Jän.09
2	Vorbereitung BAC Umfang und Litaraturliste	4 Tage	19.Jän.09	22.Jän.09
3	BAC Vorbereitsungsgespräch	0 Tage	23.Jän.09	23.Jän.09
4	Erstellung des Bezugsrahmen	6 Tage	25.Jän.09	30.Jän.09
5	Arbeitsfrei (lernen C02 Klausuren)	4,5 Tage	02.Feb.09	06.Feb.09
6	Erstellung der Litaraturrecherche	4 Tage	12.Feb.09	17.Feb.09
7	Erstellung Zwischenpräsentation	2 Tage	18.Feb.09	19.Feb.09
8	Abgabe des Bezugsrahmen	0 Tage	20.Feb.09	20.Feb.09
9	Arbeitsfrei	5 Tage	21.Feb.09	26.Feb.09
10	Zwischenpräsentation	0 Tage	27.Feb.09	27.Feb.09
11	Erstellung 1. Arbeitspaket (7 Seiten Litaraturrechereche)	12 Tage	28.Feb.09	16.Mär.09
12	1. Kontakt mit Betreuer	0 Tage	16.Mär.09	16.Mär.09
13	Erstellung 2. Arbeitspaket (7 Seiten Litaraturrechereche)	12 Tage	17.Mär.09	01.Apr.09
14	2. Kontakt mit Betreuer	0 Tage	02.Apr.09	02.Apr.09
15	Erstellung 2. Arbeitspaket (7 Seiten Litaraturrechereche), Korrekturlesen	11 Tage	02.Apr.09	16.Apr.09
16	Abgabe der Erstversion	0 Tage	17.Apr.09	17.Apr.09
17	Erstellen Endpräsentation	15 Tage	18.Apr.09	07.Mai.09
18	BAC Endpräsentation	0 Tage	08.Mai.09	08.Mai.09
19	Überarbeitung der Erstversion	11 Tage	09.Mai.09	22.Mai.09
20	Abgabe der Endversion	0 Tage	23.Mai.09	23.Mai.09